監修

阿部和厚

日本北海道大學名譽教授，北海道醫療大學名譽教授。

1964年畢業於北海道大學醫學科，1969年於同大學研究所課程修畢。以外科為主，累積將近十年的臨床經驗。其後，在大學授課四十多年，授課對象以想成為醫師、護理人員、治療師的學生為主，課程為解剖學與組織學。在教養、醫療領域的專門教育上，除了開發多樣化以學生為主體的課程外，也是全國大學教育改革的領導者。擁有多本著作及監修的書籍，同時也是一位畫家，以及古典音樂、吉他、口琴的演奏家。

翻譯

卓文怡

1983年出生。曾在日本大阪攻讀日中口筆譯。最喜歡看推理劇、閱讀推理小說。擅長實用書籍、輕小說、推理小說等各領域之翻譯。在小熊出版的譯作有《4‧5‧6歲幼兒數感啟蒙：情境數學遊戲繪本》、《【不插電】小學生基礎程式邏輯訓練繪本》（全套4冊）、《食物工廠大探險：走吧！來趟食物的變身之旅》、《鼻呼吸健康操：改善睡眠問題、免疫力、齒列發育和上顎突出》、《日本腦科學權威久保田競專為幼兒設計有效鍛鍊大腦貼紙遊戲》、《日本腦科學權威久保田競專為幼兒設計有效鍛鍊大腦摺紙遊戲》、《日本腦科學權威久保田競專為幼兒設計有效鍛鍊大腦迷宮遊戲》等。

審訂

陳麗雲

目前為陳麗雲小兒科診所院長、花蓮門諾醫院小兒心臟科特約醫師，也是花蓮新象繪本館創館館長。陳醫師為花東地區首位小兒心臟科醫生，致力於推動花蓮文化環保運動，她投入社區總體營造的活動，成立了新象社區交流協會，並打造一間社區診所，這個診所與其他診所最大的不同是「四不一沒有」，陳醫師解釋，所謂「四不」就是「不打針、不抽鼻涕、不洗喉嚨、不給苦藥」，「一沒有」是候診區沒有電視，只有繪本，家長和孩子在等候看診的時間，自然而然的就會讀起繪本。2003年，成立新象繪本館倡導親子共讀，更發動了部落巡迴說故事以及設立移動圖書館。2015年，陳醫師榮獲吳尊賢愛心獎——公益服務獎的殊榮。

出發吧！人體探險隊

揭開身體消化道、泌尿系統、骨骼肌肉、
心臟血管……不可思議的祕密

【監修】阿部和厚　【翻譯】卓文怡
【審訂】陳麗雲

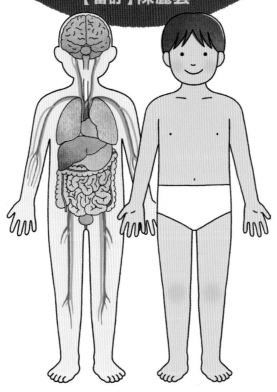

人類的身體，
有好多不可思議的事！

吃過飯、
喝完飲料之後⋯⋯

就會想便便或尿尿。

一旦跌倒破皮，
就會流血喔！

當手碰觸到熱或冷的東西時，
就會不自覺的將手伸回來。

還能品嘗出
食物的酸或辣……

讓我們一起去
探險，了解奇妙
的身體吧！

一起學習身體各部位的名稱吧！

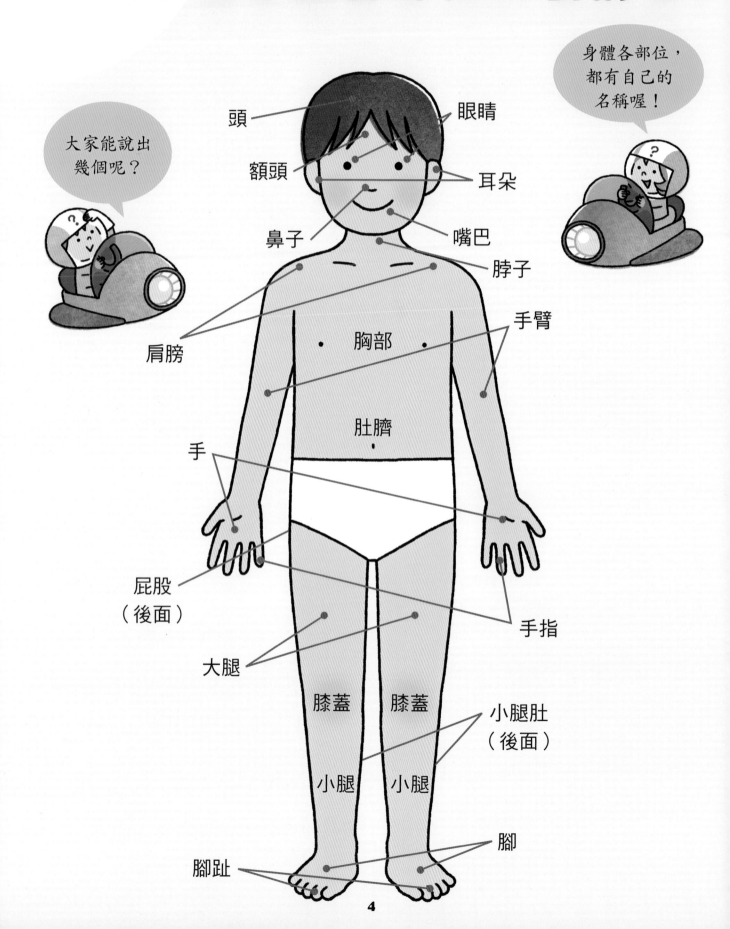

4

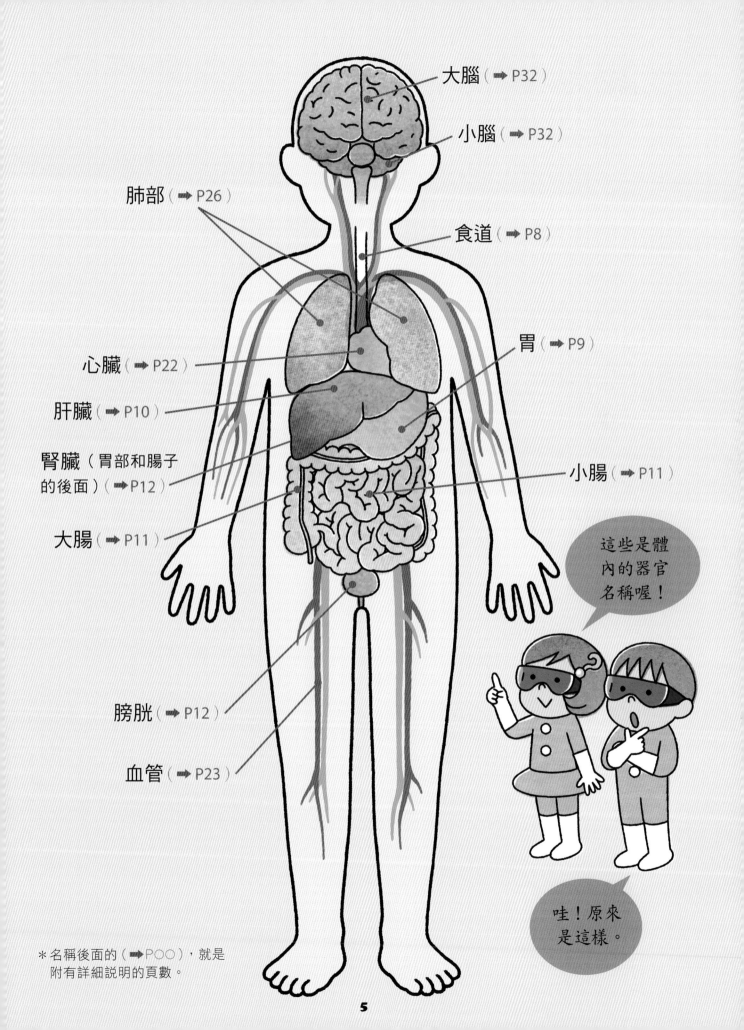

大腦（➡P32）

小腦（➡P32）

食道（➡P8）

肺部（➡P26）

胃（➡P9）

心臟（➡P22）

肝臟（➡P10）

腎臟（胃部和腸子
的後面）（➡P12）

小腸（➡P11）

大腸（➡P11）

膀胱（➡P12）

血管（➡P23）

這些是體
內的器官
名稱喔！

哇！原來
是這樣。

＊名稱後面的（➡P○○），就是
　附有詳細說明的頁數。

食物和飲料進入身體之後，會變成怎樣呢？

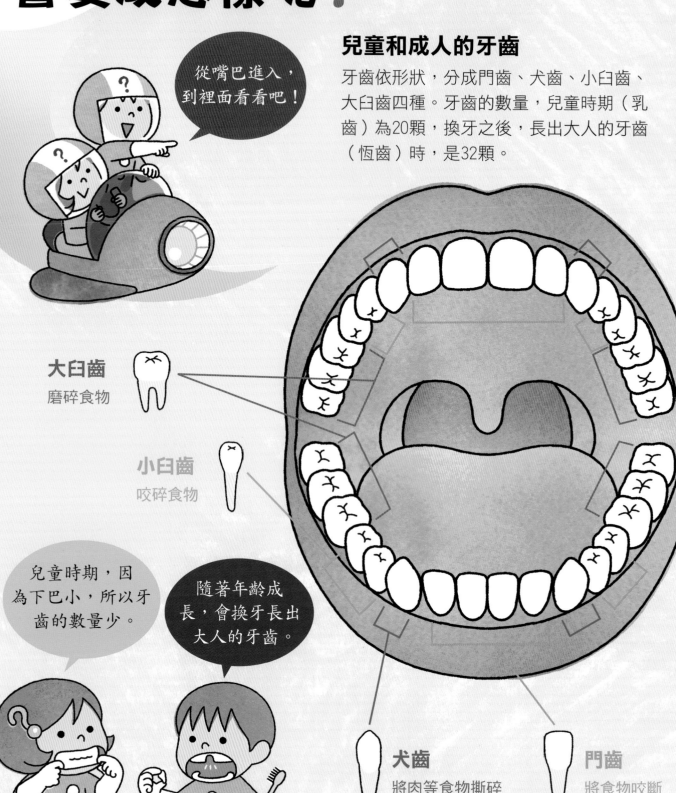

從嘴巴進入，到裡面看看吧！

兒童和成人的牙齒

牙齒依形狀，分成門齒、犬齒、小臼齒、大臼齒四種。牙齒的數量，兒童時期（乳齒）為20顆，換牙之後，長出大人的牙齒（恆齒）時，是32顆。

大臼齒
磨碎食物

小臼齒
咬碎食物

兒童時期，因為下巴小，所以牙齒的數量少。

隨著年齡成長，會換牙長出大人的牙齒。

犬齒
將肉等食物撕碎

門齒
將食物咬斷

為什麼會變成蛀牙呢？

牙齒是由琺瑯質、象牙質等所組成。蛀牙是因為細菌（致齲菌）侵蝕琺瑯質，牙齒表面形成坑洞。牙髓感受到牙齒遭到破壞，所以產生疼痛。

琺瑯質
牙齒最硬的地方。

牙肉
又被稱為牙齦。

象牙質
是牙齒最大面積的部位。與骨頭的硬度差不多。

齒根膜
由膠原蛋白組成的纖維，連結牙根與齒槽骨，具有緩衝的作用。

牙髓
被稱為牙齒的「神經」，吃冰冷食物時，感覺牙齒受到刺激，就是靠這個部位感受。

牙骨質
齒根膜的纖維附著在上頭，使牙齒不鬆動。

齒槽骨
包圍牙根的骨頭。

致齲菌是以食物的殘渣當作糧食。

好好刷牙，保持牙齒乾淨。

各種動物的牙齒

像馬這類的草食性動物，為了磨碎草，大臼齒通常比較發達。而獅子和老虎等肉食性動物，為了撕碎肉，所以犬齒發達，嘴巴深處的牙齒，也像犬齒一樣呈現尖尖的形狀。

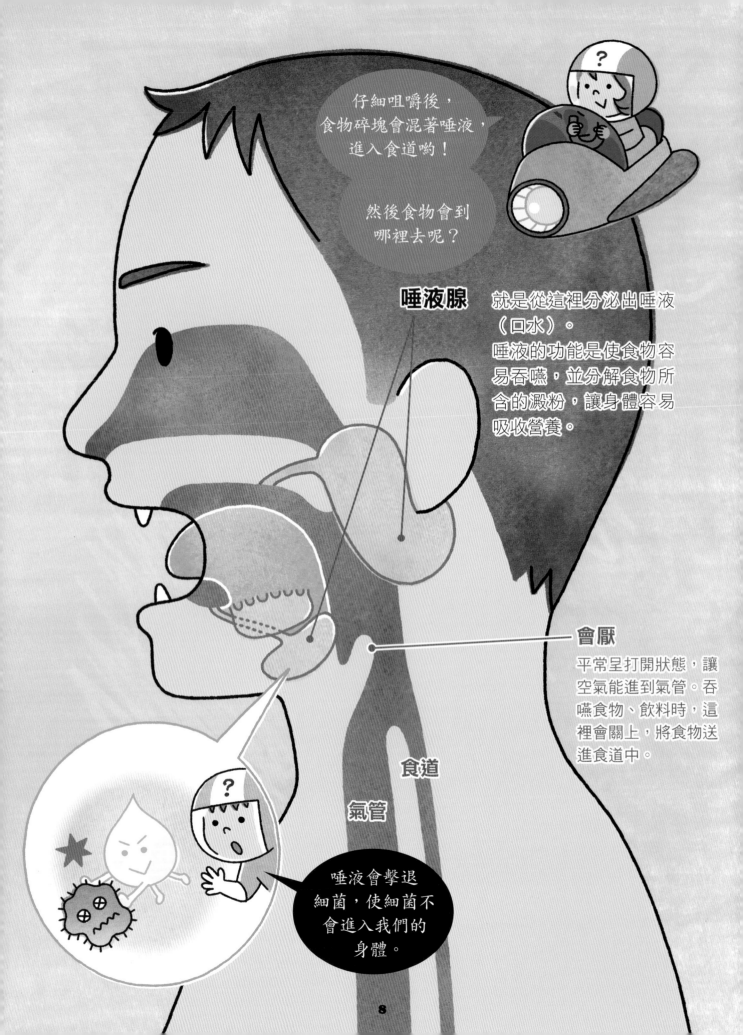

就是從這裡分泌出唾液
（口水）。
唾液的功能是使食物容
易吞嚥，並分解食物所
含的澱粉，讓身體容易
吸收營養。

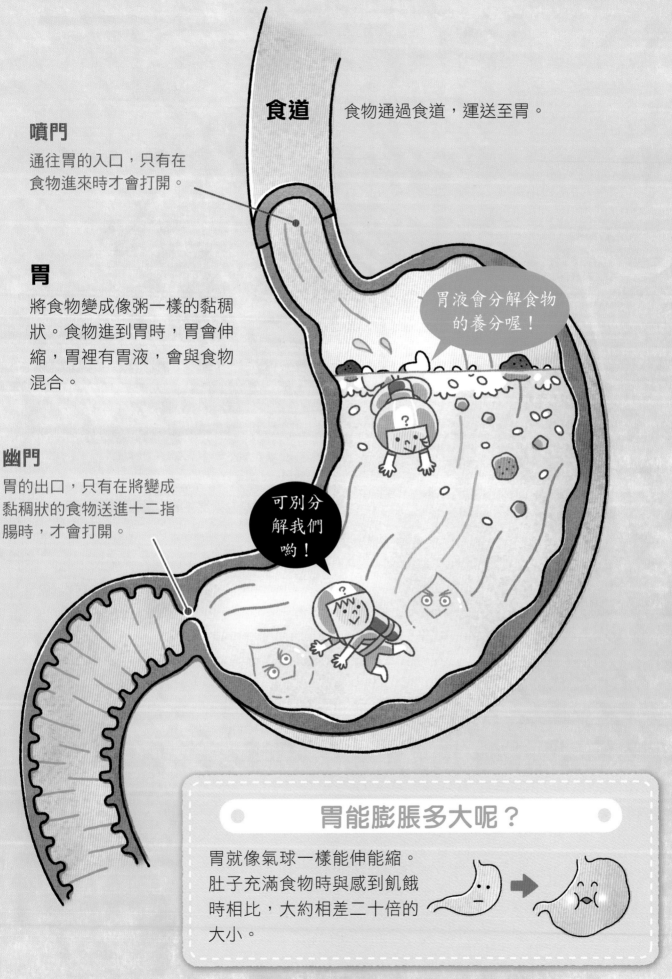

噴門

通往胃的入口，只有在食物進來時才會打開。

胃

將食物變成像粥一樣的黏稠狀。食物進到胃時，胃會伸縮，胃裡有胃液，會與食物混合。

幽門

胃的出口，只有在將變成黏稠狀的食物送進十二指腸時，才會打開。

食道 食物通過食道，運送至胃。

胃液會分解食物的養分喔！

可別分解我們喲！

胃能膨脹多大呢？

胃就像氣球一樣能伸能縮。肚子充滿食物時與感到飢餓時相比，大約相差二十倍的大小。

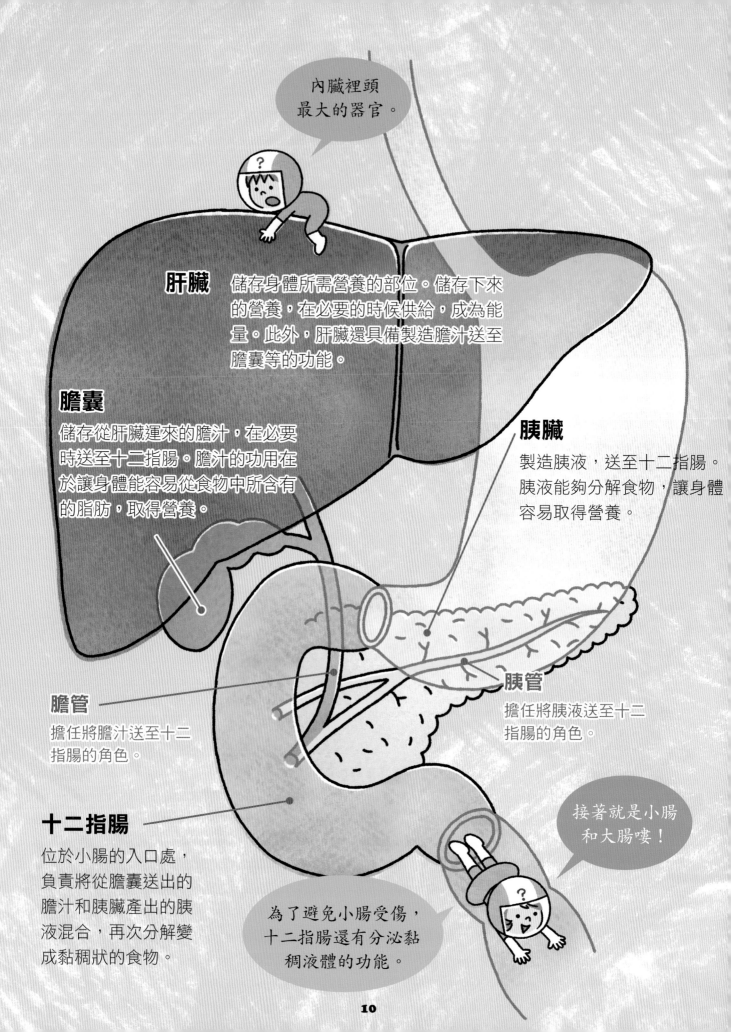

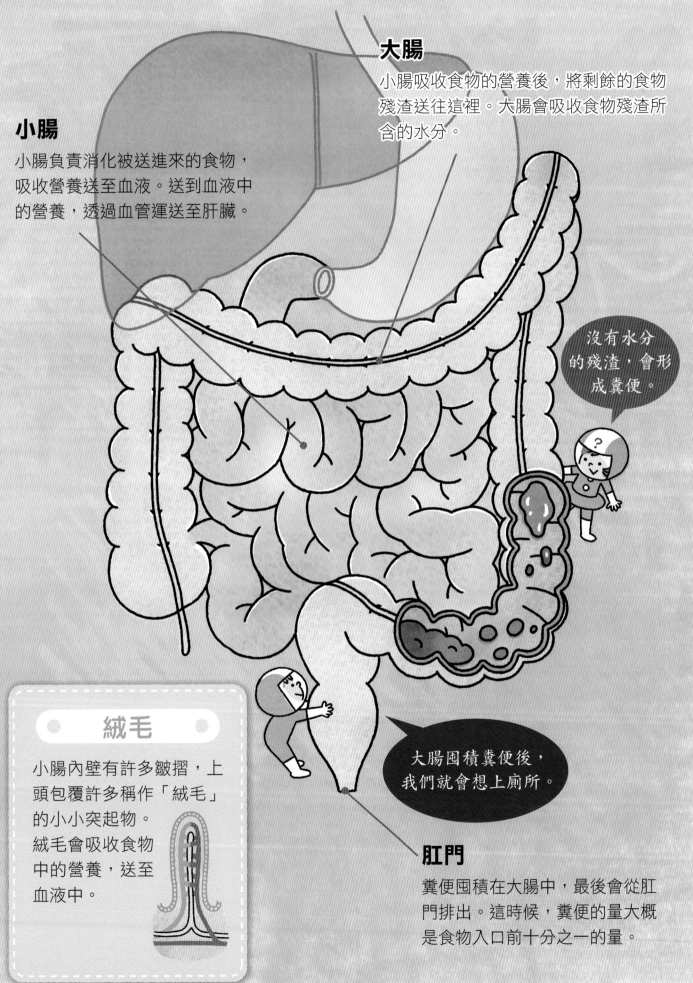

小腸

小腸負責消化被送進來的食物，吸收營養送至血液。送到血液中的營養，透過血管運送至肝臟。

大腸

小腸吸收食物的營養後，將剩餘的食物殘渣送往這裡。大腸會吸收食物殘渣所含的水分。

沒有水分的殘渣，會形成糞便。

絨毛

小腸內壁有許多皺摺，上頭包覆許多稱作「絨毛」的小小突起物。絨毛會吸收食物中的營養，送至血液中。

大腸囤積糞便後，我們就會想上廁所。

肛門

糞便囤積在大腸中，最後會從肛門排出。這時候，糞便的量大概是食物入口前十分之一的量。

尿液是怎麼形成的呢？

　　身體裡有兩顆稱作「腎臟」的器官，負責製造尿液。腎臟會從血液中過濾不需要的廢物，把乾淨的血送至身體。過濾後的廢物和多餘水分，會一起變成尿液，送到膀胱。當膀胱裝滿尿液時，我們就會想上廁所。

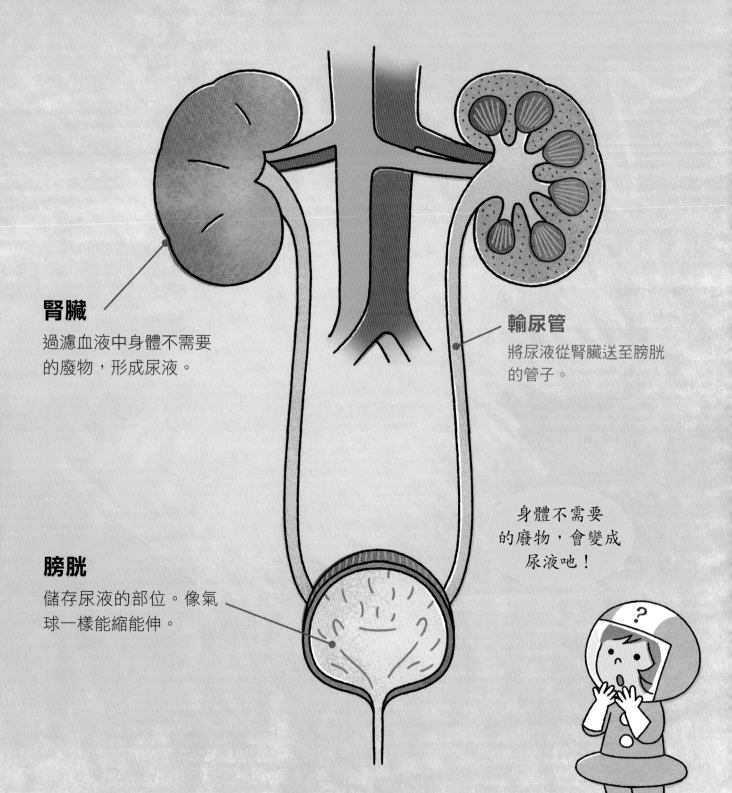

腎臟

過濾血液中身體不需要的廢物，形成尿液。

輸尿管

將尿液從腎臟送至膀胱的管子。

膀胱

儲存尿液的部位。像氣球一樣能縮能伸。

身體不需要
的廢物，會變成
尿液吧！

試著將
小腸拉長……

如果將身體裡彎彎曲曲的小腸拉直，長度大約有身高的五倍。牛的小腸大約是身長的二十倍，山羊和綿羊的小腸大約是身長的二十五倍。

放屁和打嗝一樣！？

從嘴巴跑進身體的空氣，變成屁之後，不會有臭味喔！

和食物一起從嘴巴進入的空氣，以及胃在分解食物時所產生的氣體，從嘴巴排出，稱作打嗝。

此外，放屁時所含的氣體，是從嘴巴進入的空氣、通過腸子產生的氣體，以及腸子裡的腸內細菌在分解食物時產生的氣體。

腸內細菌

大腸裡住著許多細菌（腸內細菌）。腸內細菌又分為有助於大腸運作的好菌（如：比菲德氏菌）、阻礙大腸運作的壞菌（如：病原性大腸桿菌），以及這兩者之外的致病菌。當好菌減少時，腸子的運作變差，肚子就會不舒服，甚至生病。

人類的小腸

13

骨頭非常重要喲！

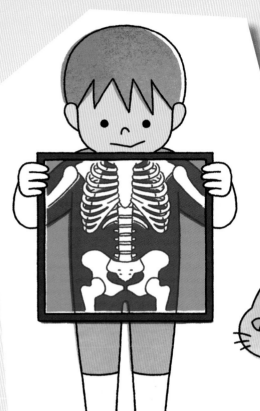

人類和動物都有骨頭。

魚也有骨頭喲！

就連雨傘也有骨架呢！

如果沒有骨頭……

就無法站得直挺挺喔！

就連房子也因為有梁柱，
才能穩固建造！

骨頭很重要吧！

那麼，接下來
我們來學習關於
骨頭的事情吧！

支撐身體的骨骼結構

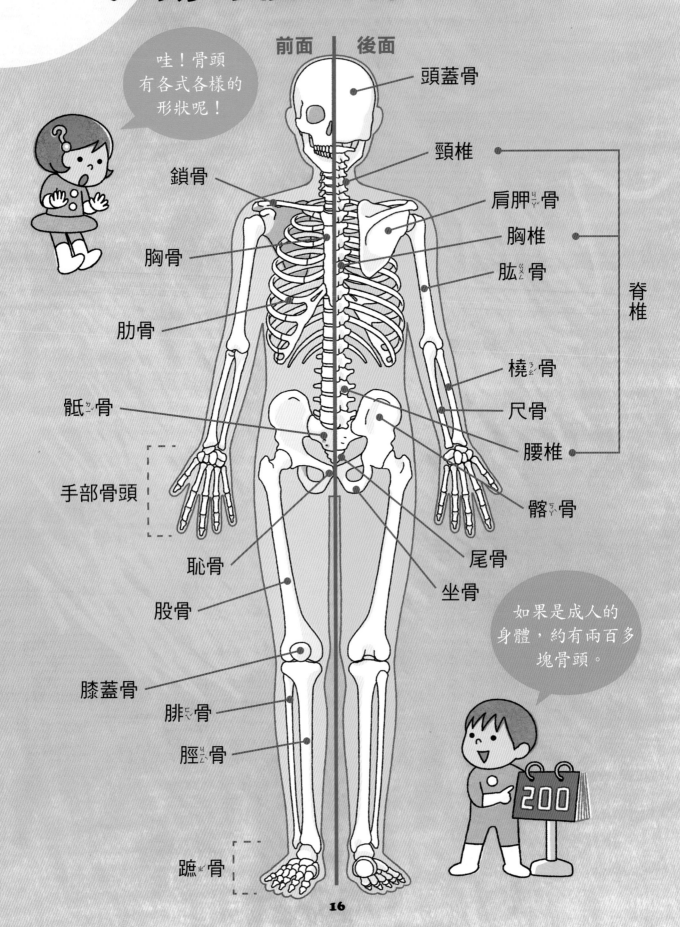

哇！骨頭有各式各樣的形狀呢！

前面　後面

頭蓋骨

頸椎

鎖骨

肩胛ㄅㄚ骨

胸椎

胸骨

肱ㄍㄨㄥ骨

肋骨

脊椎

橈ㄋㄠ骨

尺骨

骶ㄉ一骨

腰椎

手部骨頭

髂ㄑㄧㄚ骨

恥骨

尾骨

坐骨

股骨

如果是成人的身體，約有兩百多塊骨頭。

膝蓋骨

腓ㄈㄟ骨

脛ㄐㄧㄥ骨

蹠ㄓ骨

200

16

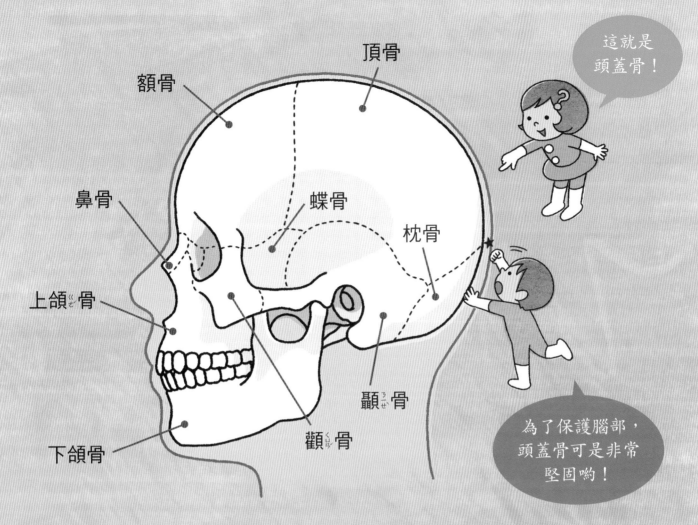

頂骨

額骨

鼻骨

蝶骨

枕骨

上頜骨

顳骨

下頜骨

顴骨

這就是
頭蓋骨！

為了保護腦部，
頭蓋骨可是非常
堅固喲！

關節部分又是如何呢？

成人約有兩百塊骨頭、小
孩約有三百五十塊骨頭連
接在一起，形成人類身體
的模樣。其中又分為黏在
一起不能運動的骨頭，以
及可以自由運動的關節。
關節依據運動方式不同，
又分成許多形狀。
骨頭與骨頭之間，包覆一
層稱作「軟骨」的柔軟骨
頭，其中還有可以幫助骨
頭順利運動的液體。

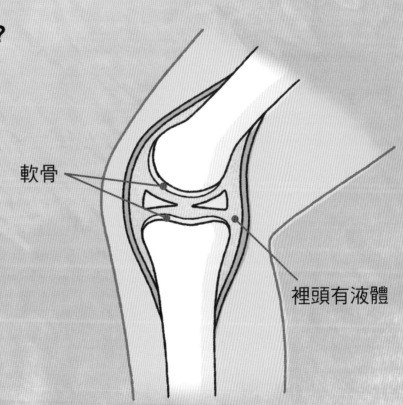

軟骨

裡頭有液體

骨頭裡長什麼樣呢？

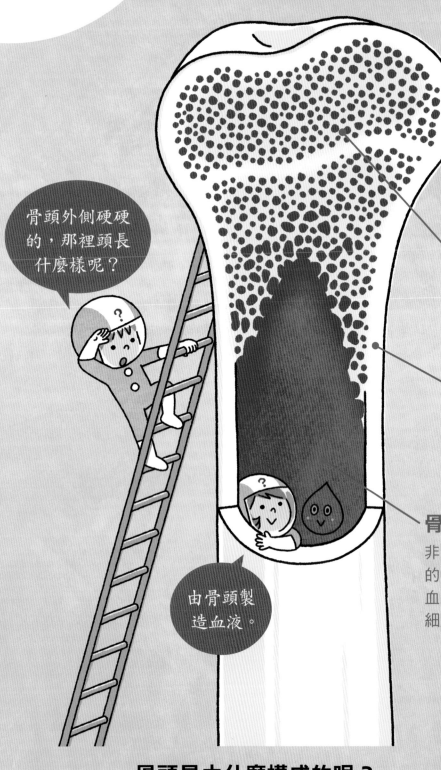

骨頭裡

骨頭的表面，有一層稱作「緻密質」的物質，它具有堅硬的強度。骨頭裡則充滿稱作「骨髓」的柔軟物質。

海綿質

像海綿一樣，因為具有相當多細小縫隙，所以骨頭相當輕盈。

緻密質

裡頭富含將營養送至骨頭裡的血管。

骨髓

非常柔軟，一部分的骨髓細胞會進入血液，成為血液的細胞。

骨頭外側硬硬的，那裡頭長什麼樣呢？

由骨頭製造血液。

骨頭是由什麼構成的呢？

骨頭的成分包含膠原蛋白、鈣質。膠原蛋白使骨頭富有彈性，而鈣質則讓骨頭堅硬。

自己破壞及修復骨頭

骨頭的表面有破骨細胞和造骨細胞兩種細胞。破骨細胞會分解老舊的骨頭，然後再由造骨細胞打造嶄新的骨頭。如此一來，老舊的骨頭就會逐漸更新。

破骨細胞

造骨細胞

骨折之後，為什麼骨頭會再連接起來呢？

骨折時，破骨細胞和造骨細胞會攜手合作，將斷裂部位連接起來。
為了能讓骨頭順利連接起來，醫生會固定斷裂的部位，使骨頭動彈不得。

可別動到斷裂的部位喲！

讓身體能夠運動的結構

讓身體運動的肌肉

身體能運動是因為有包覆在骨頭周圍、稱作「骨骼肌」的肌肉。骨骼肌能伸縮，因此關節能夠彎曲和伸直，讓身體自由運動。展現臉部表情的「表情肌」，也是骨骼肌的一種。

肌肉還包含讓胃部和腸子運動的「平滑肌」，使心臟跳動的「心肌」。

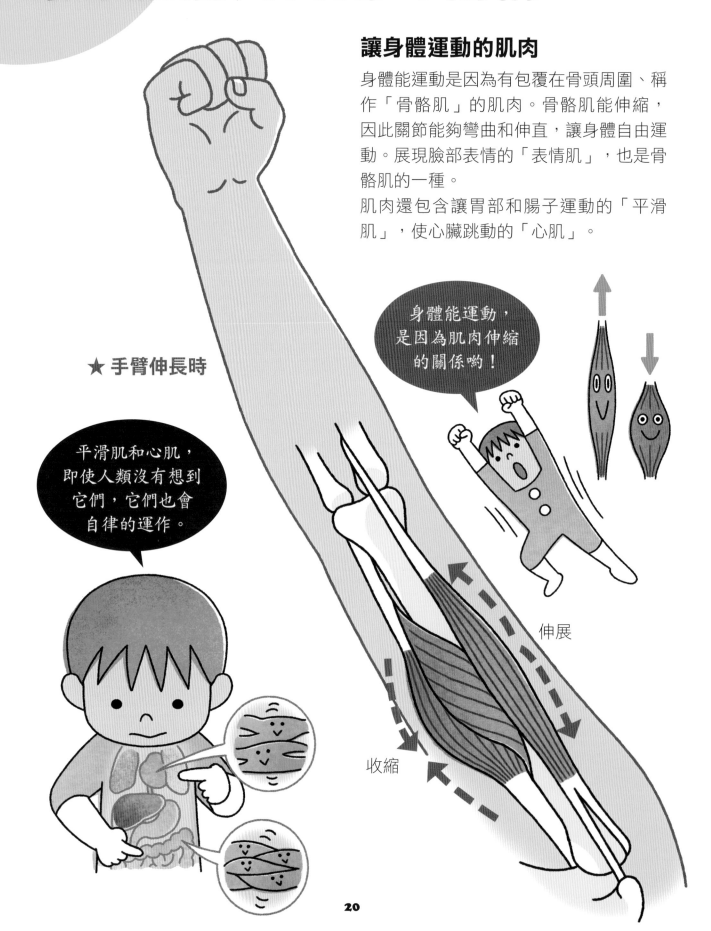

★ 手臂伸長時

身體能運動，是因為肌肉伸縮的關係喲！

平滑肌和心肌，即使人類沒有想到它們，它們也會自律的運作。

伸展

收縮

★ 手臂彎曲時

當肌肉收縮時，就會出現拉扯的力量，讓手臂朝著拉扯的方向彎曲喲！

收縮

伸展

肌肉是由纖維組成

肌纖維的細胞形成的肌束，就是肌肉。一根肌纖維，雖然比一根頭髮還纖細，但是數根聚集在一起，形成愈粗大的肌束，力道就會愈大。

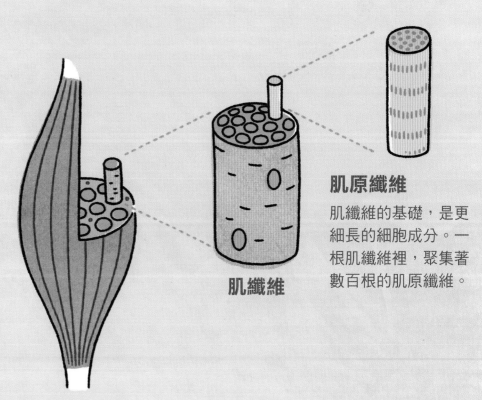

肌原纖維

肌纖維的基礎，是更細長的細胞成分。一根肌纖維裡，聚集著數百根的肌原纖維。

肌纖維

製造血液，輸送至身體的機制

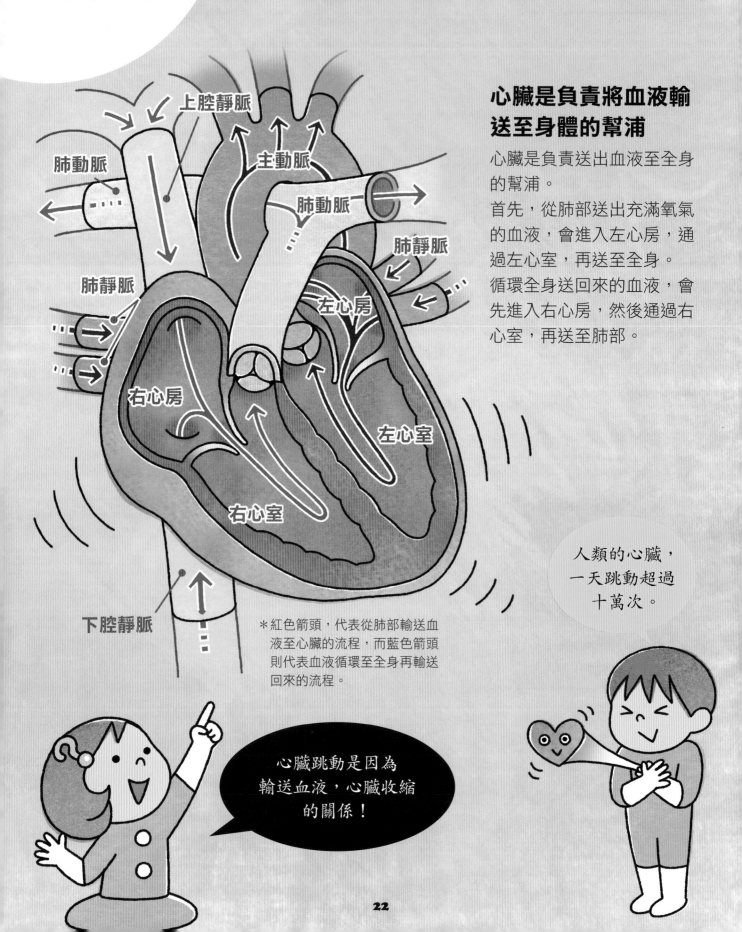

上腔靜脈

肺動脈

主動脈

肺動脈

肺靜脈

肺靜脈

左心房

右心房

左心室

右心室

下腔靜脈

＊紅色箭頭，代表從肺部輸送血液至心臟的流程，而藍色箭頭則代表血液循環至全身再輸送回來的流程。

心臟是負責將血液輸送至身體的幫浦

心臟是負責送出血液至全身的幫浦。

首先，從肺部送出充滿氧氣的血液，會進入左心房，通過左心室，再送至全身。

循環全身送回來的血液，會先進入右心房，然後通過右心室，再送至肺部。

人類的心臟，一天跳動超過十萬次。

心臟跳動是因為輸送血液，心臟收縮的關係！

全身布滿血管

讓血液流通的管子稱作血管，從心臟輸出血液的血管為動脈，輸送血液回到心臟的血管為靜脈。動脈及靜脈會分歧成細微血管，將血液輸送至全身各處。

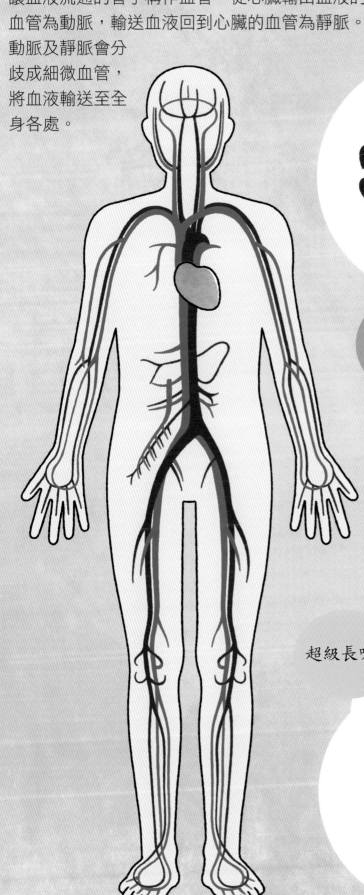

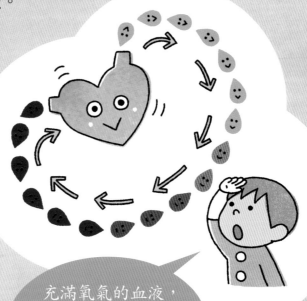

充滿氧氣的血液，呈鮮紅色，但是循環至全身後，就會變成暗紅色。

血管有多長呢？

一個成人的血管全部加起來，據說約有十萬公里。地球（赤道）一圈的圓周長度約四萬公里，因此血管的長度可以圍繞地球兩圈半。

超級長呢！

血液是由什麼組成？

血液負責將營養送至全身

血液由稱作「血漿」的液體和紅血球、白血球、血小板的細胞
組成。這些細胞是由骨頭中的骨髓所製造。

血液除了負責將營養與氧氣等輸送至全身，帶走二氧化碳等不
需要的物質之外，還能傳導熱氣至身體，控制體溫。

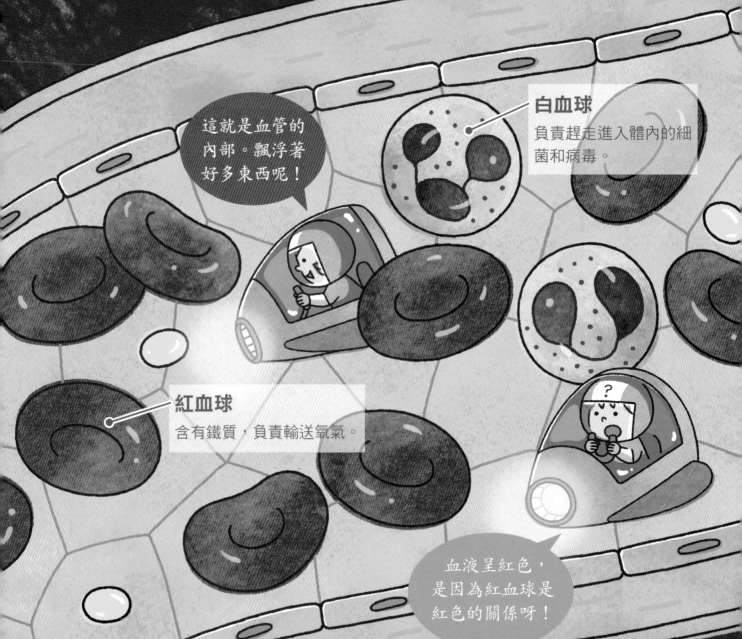

這就是血管的
內部。飄浮著
好多東西呢！

白血球
負責趕走進入體內的細
菌和病毒。

紅血球
含有鐵質，負責輸送氧氣。

血液呈紅色，
是因為紅血球是
紅色的關係呀！

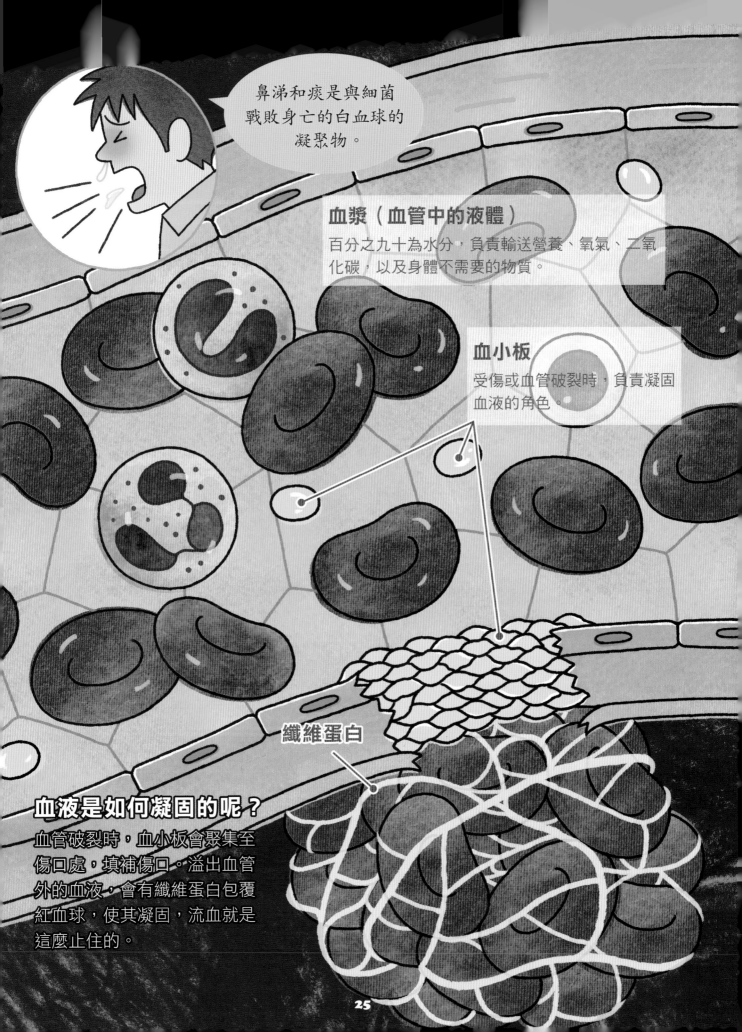

鼻涕和痰是與細菌戰敗身亡的白血球的凝聚物。

血漿（血管中的液體）

百分之九十為水分，負責輸送營養、氧氣、二氧化碳，以及身體不需要的物質。

血小板

受傷或血管破裂時，負責凝固血液的角色。

纖維蛋白

血液是如何凝固的呢？

血管破裂時，血小板會聚集至傷口處，填補傷口。溢出血管外的血液，會有纖維蛋白包覆紅血球，使其凝固，流血就是這麼止住的。

吸氣之後，為什麼要吐氣？

維持生命，不能少了氧氣！

人類靠食物取得的營養，與氧氣結合（燃燒或氧化）之後，形成能量。人類為了生存，絕不能缺少氧氣。

鼻子或嘴巴吸氣之後，從吸進的空氣中取得氧氣。而負責這項工作的就是身體裡的兩個肺。

吸進氧氣，排出二氧化碳。

從肺部經由血管將氧氣輸送至全身的血液，會帶走燃燒（氧化）時所產生的二氧化碳，送至肺部。

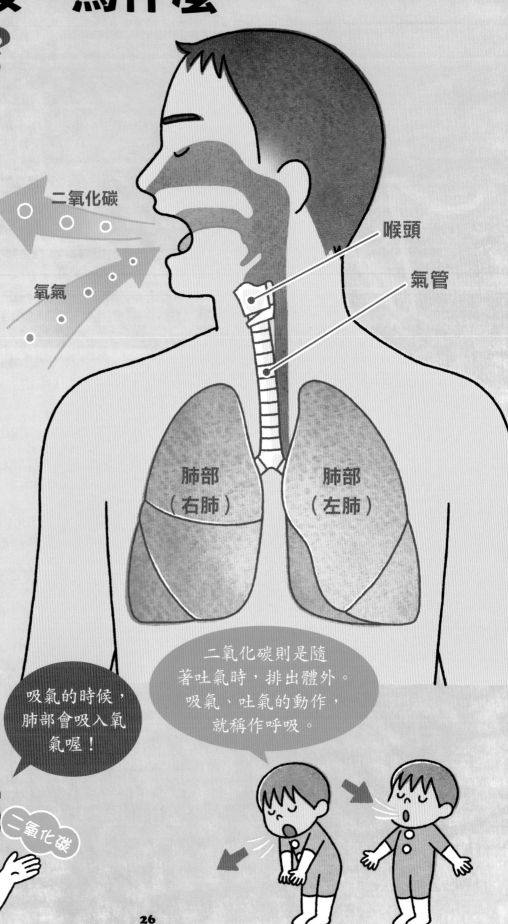

二氧化碳

氧氣

喉頭

氣管

肺部（右肺）

肺部（左肺）

二氧化碳則是隨著吐氣時，排出體外。吸氣、吐氣的動作，就稱作呼吸。

吸氣的時候，肺部會吸入氧氣喔！

氧氣

二氧化碳

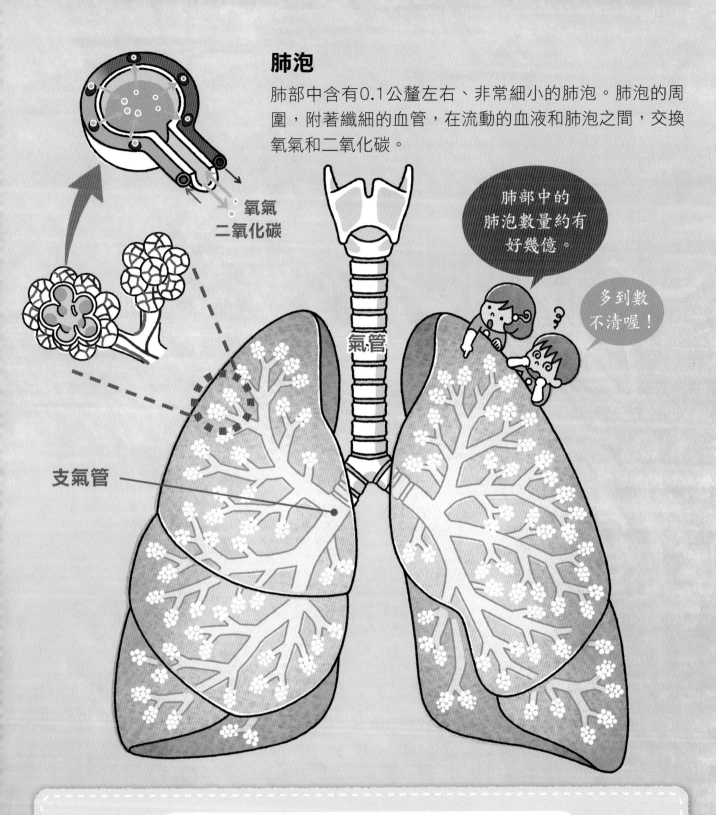

肺泡

肺部中含有0.1公釐左右、非常細小的肺泡。肺泡的周圍，附著纖細的血管，在流動的血液和肺泡之間，交換氧氣和二氧化碳。

氧氣
二氧化碳

肺部中的肺泡數量約有好幾億。

多到數不清喔！

氣管

支氣管

讓肺部運動的肌肉

人類靠著肺部收縮，維持呼吸。然而，因為肺部沒有肌肉，無法自己運動，所以必須藉由肺部周圍的肌肉伸展和收縮，才能維持呼吸。呼吸又分為使用肋骨之間的肌肉（肋間肌）的「胸式呼吸」，以及使用胸部與腹部之間的橫隔膜的「腹式呼吸」。

人體的成長

骨頭的生長

人類從出生開始至16～18歲之間，背部會伸長，身體會變大。這是因為骨頭變長的關係。當骨頭伸長時，骨頭與骨頭之間的縫隙會變小，有些骨頭則直接連結在一起，形成一塊骨頭。嬰兒的骨頭有三百塊以上，長大成人之後，骨頭會減少至二百塊左右。

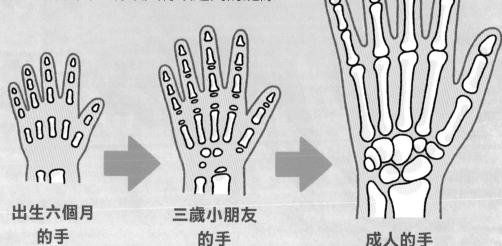

出生六個月的手　→　**三歲小朋友的手**　→　**成人的手**

鈣質若補充不足，骨頭裡的鈣質就會不斷流失！

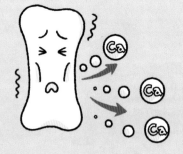

鈣質若流失，骨頭就會變得脆弱！

攝取鈣質

鈣質是製造骨頭，讓肌肉及其他細胞正常運作所需的成分之一。身體若需要大量的鈣質時，就會分解骨頭，從中攝取鈣質。

身體無法自行製造鈣質，因此我們必須食用含有大量鈣質的食物。此外，由於維生素D有助於吸收鈣質，所以攝取含有維生素D的食物也相當重要。

★含有大量鈣質的食物

牛奶
起司
豆腐
蛋
小魚乾等可以連骨頭一起食用的魚類

★含有大量維生素D的食物

魚

晒太陽，可以增加身體裡的維生素D。

肌肉的生長

肌肉是由肌纖維組合而成。肌纖維會因身體的運動而成長。

運動能鍛鍊身體是因為肌纖維生長，增加肌肉量。相反的，如果不運動，肌肉就會萎縮。

睡眠也相當重要喲！

肌肉是在睡眠的期間成長喔！

注意「脂肪」

人類為了生存下去，需要能量。為了製造能量，需要的養分為碳水化合物、蛋白質、脂肪。

多餘的能量會變成脂肪，儲存在身體裡，需要時再從囤積的脂肪中提取、製造能量。然而，如果過量飲食、沒有運動消耗能量，脂肪就會囤積得愈來愈多，形成肥胖。

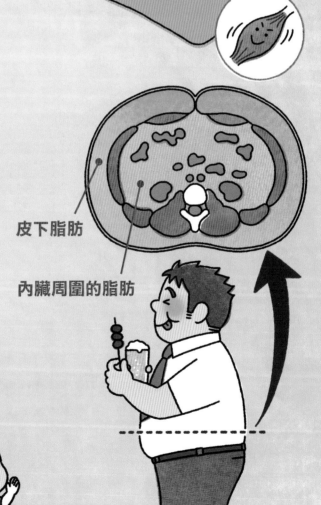

皮下脂肪

內臟周圍的脂肪

不要過量飲食，要適度運動喲！

人類有五種感覺

1

聽見聲音。

2

看見東西。

3

聞到味道。

4

觸摸東西。

5

品嘗食物、飲料的味道。

人類有各式各樣的感覺喔！

這五種感覺就稱作「五感」。

接著，我們來學習這「五感」吧！

是哪個部位感受冷和熱呢？

頭腦就像電腦一樣

腦分成很多區塊，每一處的功能都不同。額葉、枕葉、頂葉和顳葉結合成為大腦，裡頭聚集著許許多多的神經。大腦會產生熱、冷、悲傷、快樂等感覺，以及掌控思考和發送命令至全身各處。

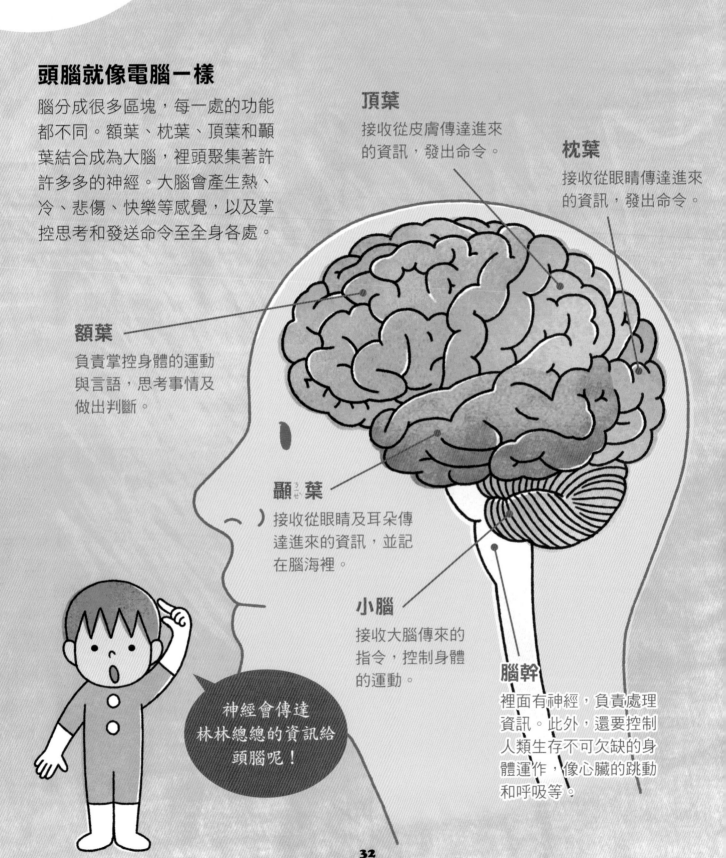

頂葉
接收從皮膚傳達進來的資訊，發出命令。

枕葉
接收從眼睛傳達進來的資訊，發出命令。

額葉
負責掌控身體的運動與言語，思考事情及做出判斷。

顳葉
接收從眼睛及耳朵傳達進來的資訊，並記在腦海裡。

小腦
接收大腦傳來的指令，控制身體的運動。

腦幹
裡面有神經，負責處理資訊。此外，還要控制人類生存不可欠缺的身體運作，像心臟的跳動和呼吸等。

神經會傳達林林總總的資訊給頭腦呢！

如何傳達感覺呢？

人類有各式各樣的感覺系統，例如眼睛、耳朵、鼻子、舌頭以及皮膚等。這些感覺系統透過神經，與腦部及脊髓做連接。

舉例來說，當我們摸到熱的東西或冷的東西時，所感受到的熱度或冰冷感覺，會經由感覺神經，透過脊髓，傳達至腦部。

收到資訊的腦部，會傳達命令至脊髓。脊髓再透過運動神經，使肌肉運動。

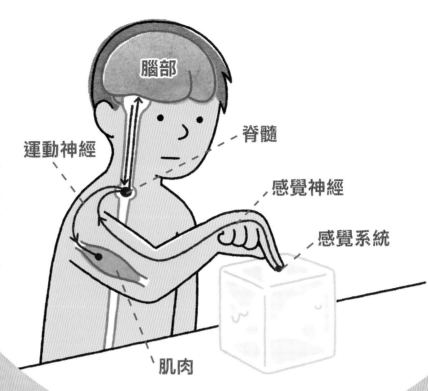

反射

當我們敲膝蓋時，腳會自動彈起。此外，當我們碰到非常熱的東西時，手會瞬間縮回。像這樣的運動，就稱為「反射運動」。

這並非透過感覺系統將資訊先傳達至腦部，而是脊髓使肌肉運作，在無意識的狀態下，迅速的行動。

眼睛和鼻子的結構

視網膜
接收進入眼中的資訊，傳達給視神經。

角膜
光線透過角膜進入眼睛，上頭包覆著淚水。

眼睛的結構

眼睛看見東西，是因為視網膜接收到角膜傳進來的光線。腦部會根據感受到的光線所得到的資訊，描繪出顏色和形狀。

水晶體
就像相機的鏡片一樣，能調整視網膜的焦距。

瞳孔
外頭的光線進入眼睛內的入口。

虹膜
控制瞳孔大小，調節進入眼中的光線量。

視神經
接收視網膜傳來的資訊，傳達給腦部。

虹膜改變瞳孔大小，調節光線進入的量。

明亮的地方

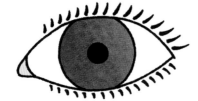

虹膜使瞳孔收縮，減少光線進入眼睛的量。

黑暗的地方

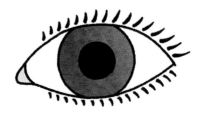

虹膜使瞳孔放大，增加光線進入眼睛的量。

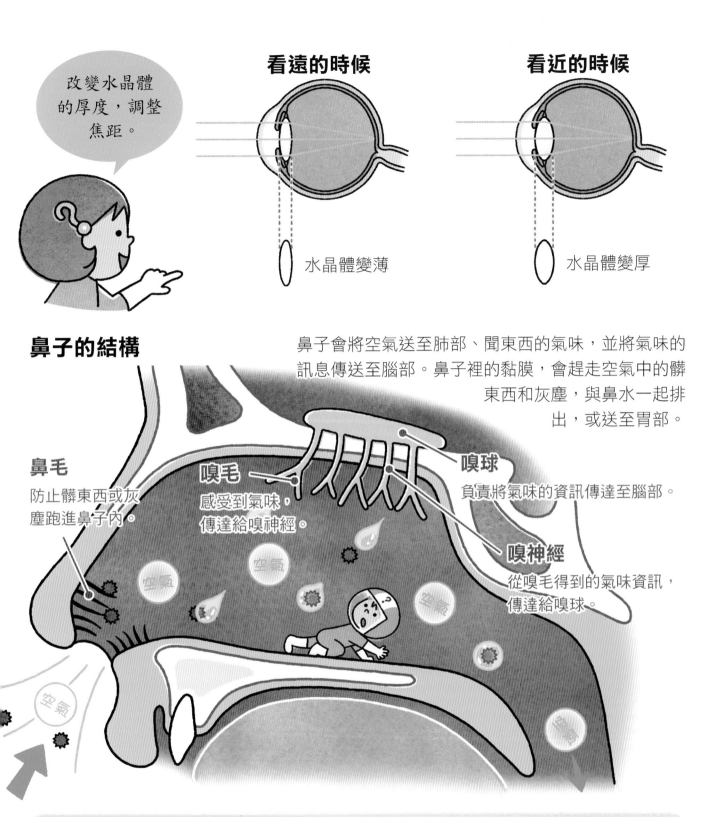

看遠的時候

水晶體變薄

看近的時候

水晶體變厚

改變水晶體的厚度，調整焦距。

鼻子的結構

鼻子會將空氣送至肺部、聞東西的氣味，並將氣味的訊息傳送至腦部。鼻子裡的黏膜，會趕走空氣中的髒東西和灰塵，與鼻水一起排出，或送至胃部。

鼻毛
防止髒東西或灰塵跑進鼻子內。

嗅毛
感受到氣味，傳達給嗅神經。

嗅球
負責將氣味的資訊傳達至腦部。

嗅神經
從嗅毛得到的氣味資訊，傳達給嗅球。

空氣

空氣

空氣

空氣

空氣

眼淚保護眼睛

眼淚總是包覆在角膜外層，保持眼睛溼潤。眼淚經由眨眼等動作，使角膜溼潤，清除跑進眼睛中的髒東西或灰塵，以及進行消毒。因為眼睛和鼻子互相連接，所以流下大量眼淚時，眼淚也會跑進鼻子裡，形成鼻水。

耳朵的運作

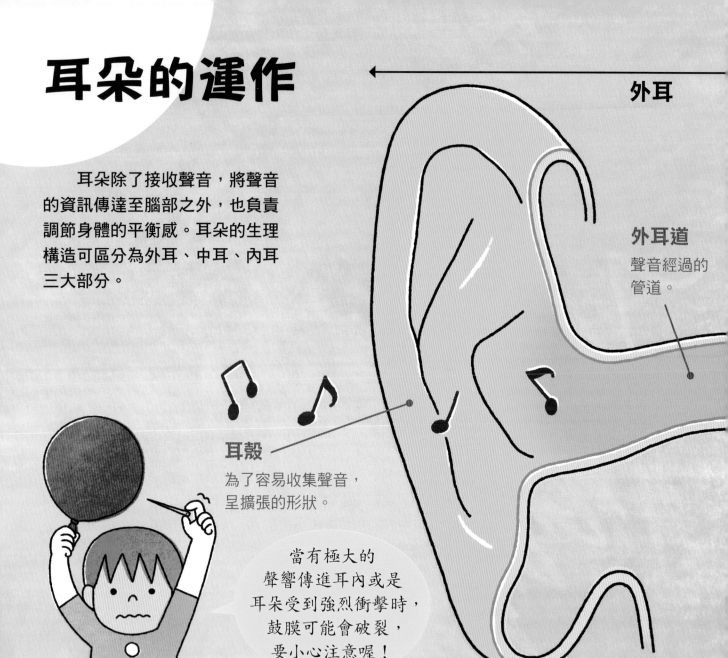

耳朵除了接收聲音，將聲音的資訊傳達至腦部之外，也負責調節身體的平衡感。耳朵的生理構造可區分為外耳、中耳、內耳三大部分。

外耳

外耳道
聲音經過的管道。

耳殼
為了容易收集聲音，呈擴張的形狀。

當有極大的聲響傳進耳內或是耳朵受到強烈衝擊時，鼓膜可能會破裂，要小心注意喔！

聲音傳達的方式

聲音的本質是空氣的細微波動（振動）。從耳殼傳進來的聲音（振動），會使鼓膜振動，而這個振動會傳達至聽小骨，透過耳蝸轉換成神經電訊號，再傳送至大腦。

砧骨

錘骨

鐙骨

當我們摀住耳朵卻仍可聽見自己的聲音，是因為顱骨振動，傳達聲音的關係。

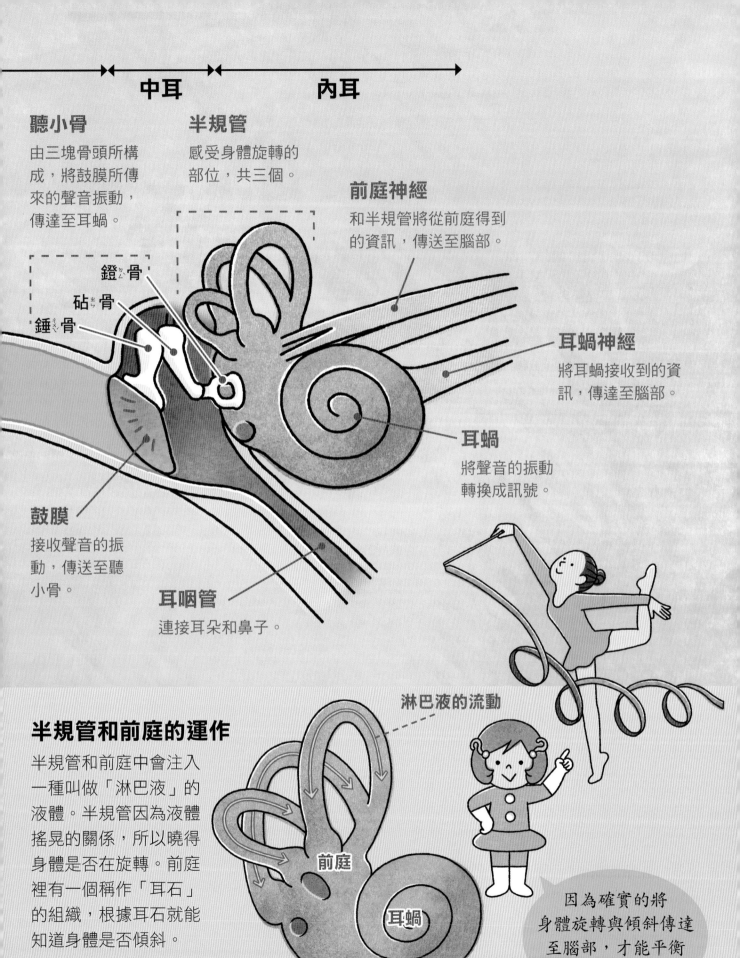

聽小骨

由三塊骨頭所構成，將鼓膜所傳來的聲音振動，傳達至耳蝸。

半規管

感受身體旋轉的部位，共三個。

前庭神經

和半規管將從前庭得到的資訊，傳送至腦部。

耳蝸神經

將耳蝸接收到的資訊，傳達至腦部。

鐙骨
砧骨
錘骨

耳蝸

將聲音的振動轉換成訊號。

鼓膜

接收聲音的振動，傳送至聽小骨。

耳咽管

連接耳朵和鼻子。

淋巴液的流動

半規管和前庭的運作

半規管和前庭中會注入一種叫做「淋巴液」的液體。半規管因為液體搖晃的關係，所以曉得身體是否在旋轉。前庭裡有一個稱作「耳石」的組織，根據耳石就能知道身體是否傾斜。

前庭

耳蝸

因為確實的將身體旋轉與傾斜傳達至腦部，才能平衡的站立。

37

為什麼能夠品嘗出食物的味道？

在說話的時候，自由運動的舌頭可幫了不少忙！

舌頭自由的運動

舌頭是由肌肉構成，包含血管與神經。舌頭能自由轉換形狀和動作，是為了輔助牙齒咬碎食物，以及幫助食物與唾液融合在一起。

舌乳頭

舌頭的表面粗糙。這個粗糙的部位稱作「舌乳頭」，作用是舐食食物以及不讓食物直接滑進喉嚨中。舌乳頭又分成四個種類。

輪廓乳頭

排列在舌頭的根部。周圍的細溝上有味蕾。

照鏡子時，好好的看看自己的舌頭吧！

絲狀乳頭

舌頭表面粗糙的部分。感受舌頭碰觸食物的感覺，使唾液停留在舌頭上，維持溼潤及舐食食物。

蕈狀乳頭

位在舌頭表面，看起來呈紅色點狀。周圍的細溝上有味蕾。

葉狀乳頭

遍布在舌頭根部的兩側，以細溝區隔出來的部位。周圍的細溝上有味蕾。

嘗味道的「味蕾」

舌頭上有許多稱作「味蕾」的感覺系統。味蕾裡頭的味覺細胞，感受到食物或飲料的味道時，就會將味道的訊息傳達至腦部。

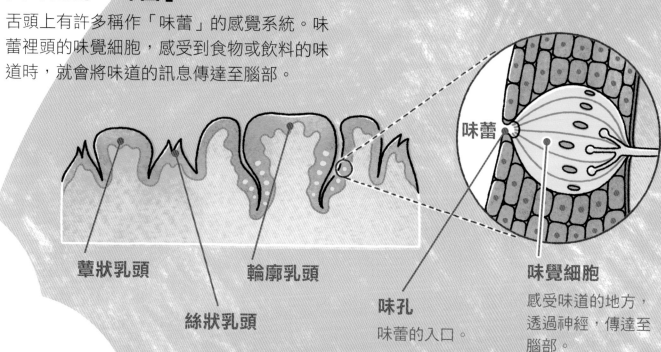

蕈狀乳頭

絲狀乳頭

輪廓乳頭

味孔
味蕾的入口。

味蕾

味覺細胞
感受味道的地方，透過神經，傳達至腦部。

為什麼看到食物就會分泌唾液？

唾液能夠輔助吞嚥食物、幫助消化、趕走細菌。當我們看到食物時，腦部會出現食物送進嘴巴裡的畫面，並下達指令給唾液腺，分泌唾液。特別是看到像梅子這種酸酸的食物時，為了降低酸度，食物送進嘴巴之前，唾液腺就會開始大量分泌唾液。

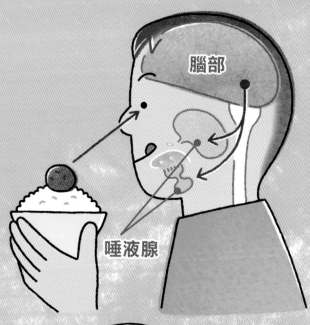

腦部

唾液腺

據說人類一天會分泌出約一罐盒裝牛奶的唾液量。

仔細咀嚼，使下巴動一動，就會分泌大量唾液，幫助消化喲！

皮膚裡是什麼模樣呢？

皮膚是身體的感應器

皮膚上有許多神經，這些神經會將手接觸到的痛、熱、光滑、粗糙等感覺（觸覺）傳達至腦部。此外，炎熱時，皮膚會流汗，將熱氣排出體外；寒冷時，皮膚會收縮，將熱氣保留在體內。皮膚也負責調節我們身體的溫度（體溫）。

皮膚是由表面薄薄的表皮層和下方的真皮層組成。表皮會不斷的產生新細胞以及汰換舊細胞。

如果皮膚沒有神經，會怎麼樣呢？

受傷如果流血，卻毫無察覺的話，可就危險了！

汗孔
汗液的出口。

表皮層

真皮層

皮下組織

肌肉

觸覺小體
負責感受皮膚的觸覺。

頂漿腺
又稱「大汗腺」，主要分布於腋窩與外陰等特殊部位，分泌汗液開口於毛囊，較有異味。

環層小體
負責感受皮膚的壓覺和振動覺。

皮下脂肪
位在真皮層和肌肉之間（皮下組織）。

為什麼皮膚會晒黑？

皮膚中的黑色素決定皮膚的顏色。黑色素能夠保護身體，防禦太陽光線中所含的紫外線照射。

黑色素的量受紫外線的影響。因此，如果持續受強烈太陽光線照射，皮膚的顏色就會變黑。

此外，身體所製造的黑色素量，會因人而異。黑色素量少的人，皮膚不容易變黑，但是會變紅。

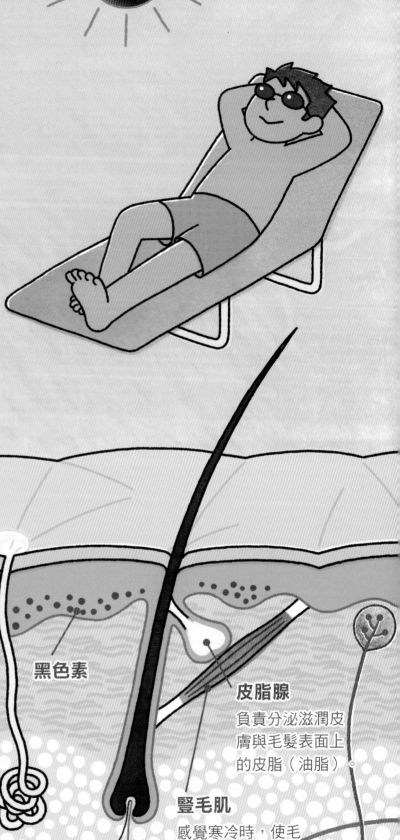

小汗腺
遍布全身，負責分泌汗液，開口於表皮汗孔。

微血管
將營養和氧氣送至皮膚，接收體內廢物的血管。

黑色素

皮脂腺
負責分泌滋潤皮膚與毛髮表面上的皮脂（油脂）。

豎毛肌
感覺寒冷時，使毛髮豎立的肌肉。

游離神經末梢
遍布全身，將觸覺傳達至腦部。

為什麼會起雞皮疙瘩呢？

當我們感到寒冷或是恐懼時，皮膚上會浮出顆粒狀的東西，我們稱為「雞皮疙瘩」。這是因為我們皮膚裡有豎毛肌，會使我們的毛髮豎立。

因為與拔完雞毛的雞皮很類似，所以稱作「雞皮疙瘩」。

汗液和油脂為了什麼而存在？

天氣變熱時，為了降低悶在體內的熱度，皮膚會排出汗液。藉由汗液蒸發（水分消失），身體會變冷，降低熱度。此外，皮膚怕乾燥，所以會從皮脂腺分泌出稱作「皮脂」的油脂，防止皮膚乾燥。

什麼是「痣」？

皮膚的色素聚集在一個地方，形成黑色塊狀，就稱作痣。至今還不曉得為何會聚集在一個地方。

為什麼有指紋呢？

手指和腳趾的地方，有著一圈一圈的紋路，我們稱為「指紋」。
據說指紋可以防止我們拿東西時滑落。指紋的紋路會因人而異，
不會出現擁有相同指紋的人。

指紋也可以作為門鎖辨識及犯罪搜查時使用。

喀擦

光看指甲，就可以知道健康程度！

指甲是皮膚增厚，變化而來，由和表皮相同的成分構成。
指甲生長速度慢。據說看指甲，就能知道健康狀況。

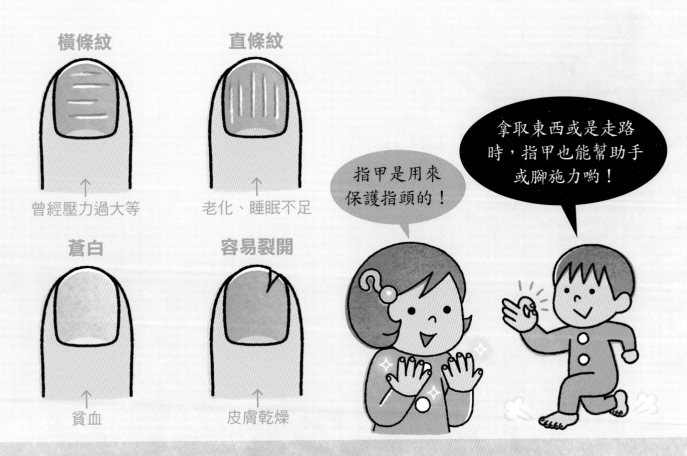

橫條紋
↑
曾經壓力過大等

直條紋
↑
老化、睡眠不足

蒼白
↑
貧血

容易裂開
↑
皮膚乾燥

指甲是用來保護指頭的！

拿取東西或是走路時，指甲也能幫助手或腳施力喲！

毛髮為了什麼而存在？

毛髮能保護身體

頭上的毛髮就像帽子一樣，保護頭部，避免陽光直射頭部。同樣的道理，我們身上的毛髮，可以保護我們的身體和皮膚。

此外，毛髮本身就是感覺系統，有東西附著在毛髮上時，會透過神經將資訊傳達至腦部。

毛髮是由表皮變化而來。

據說大人遍布全身的毛髮量約有五百萬根。

動物的毛髮和人類的毛髮

小狗、小貓、猴子等全身都長滿了毛，但是人類卻只在某些部位長出毛髮。原本人類的祖先也是全身長滿了毛，但是在經歷進化的過程中，漸漸的，某些部位不再長出毛髮。

毛髮是怎麼生長的？

毛髮是從真皮層和皮下組織中，稱作「毛囊」的地方長出來的。
因為毛母細胞增加的關係，所以毛髮才會生長。

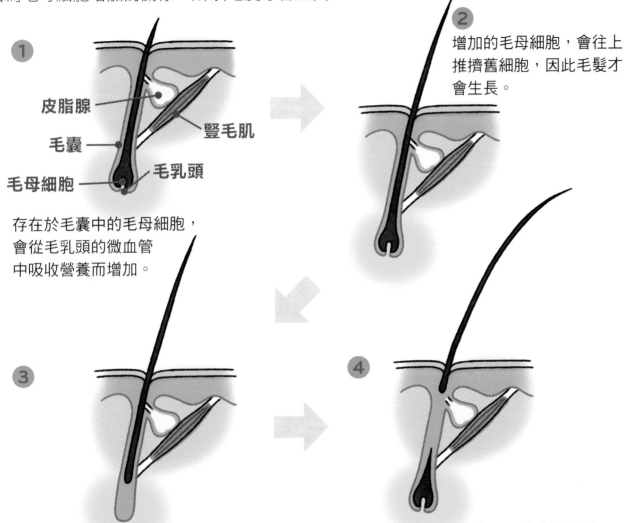

① **皮脂腺** **豎毛肌** **毛囊** **毛母細胞** **毛乳頭**

存在於毛囊中的毛母細胞，
會從毛乳頭的微血管
中吸收營養而增加。

② 增加的毛母細胞，會往上
推擠舊細胞，因此毛髮才
會生長。

③ 毛髮長到一定程度後，就會停止細胞
的增長。

④ 舊毛髮一旦脫離毛乳頭，就會開始增
加新的毛母細胞。新的毛髮長出來，
舊的毛髮就會脫落。

頭皮屑和油垢的真面目是什麼呢？

皮膚會不斷的更生新細胞，老舊細
胞會脫離皮膚掉落。掉落的細胞，
就是從頭部冒出來的頭皮屑，以及
浮在身體表面的油垢。特別是過度
洗髮，會導致頭皮的油脂變少，容
易出現頭皮屑。

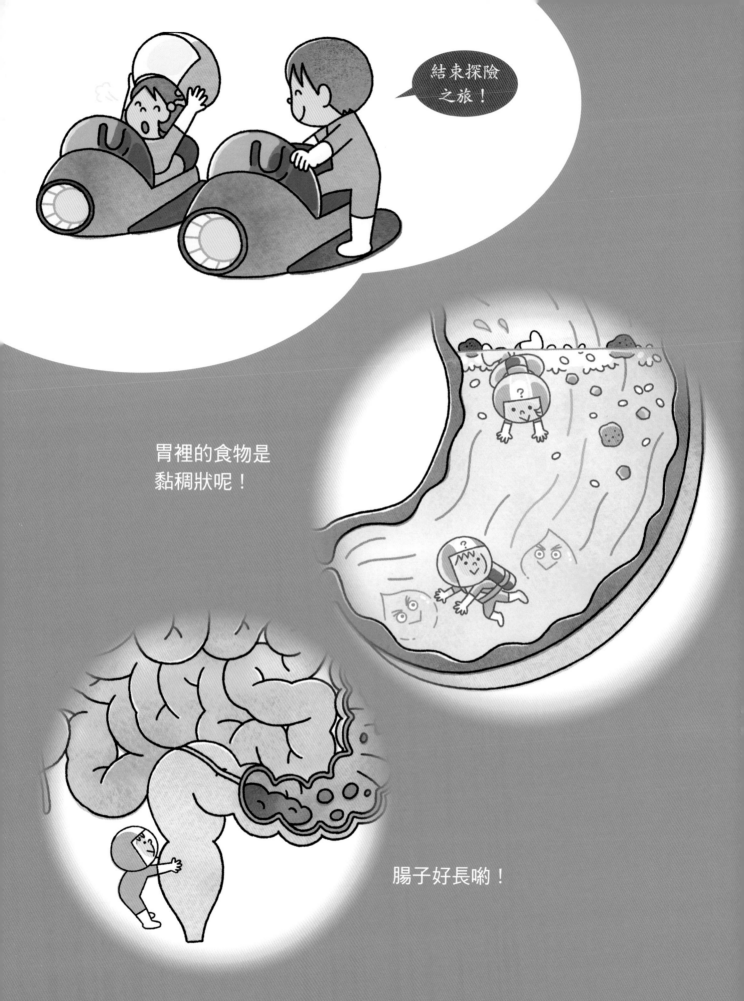

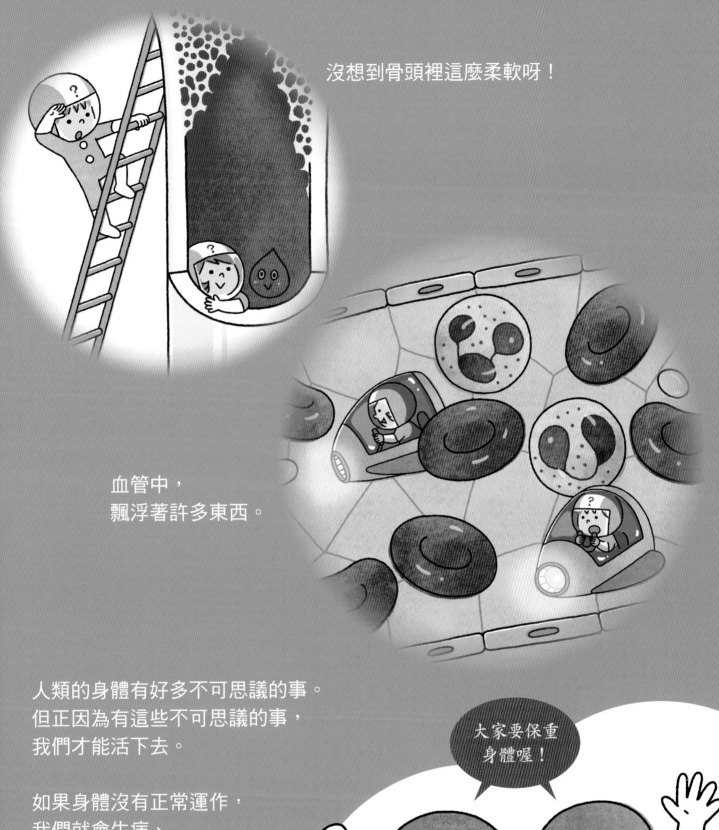

沒想到骨頭裡這麼柔軟呀！

血管中，
飄浮著許多東西。

人類的身體有好多不可思議的事。
但正因為有這些不可思議的事，
我們才能活下去。

如果身體沒有正常運作，
我們就會生病、
無法盡情玩樂、
沒辦法吃好吃的食物、
也不能好好學習！

大家要保重
身體喔！

一本好看又好懂的醫學小小書

文／陳麗雲 醫師

在我的小兒科診間，常常聽見媽媽們這樣告訴我：「陳醫師，我們家小朋友很喜歡模仿你看診喔！每次從你的診所看病回來，總要我陪他玩醫師病人的遊戲……」「這樣很好啊！表示你的孩子有很強的觀察與模仿能力，你們應該都會配合演出吧？」「配合當然是會配合啦！但是，他有時候又會問一堆關於身體莫名其妙的問題，我常常都不知道如何回答才好。」

其實，爸爸媽媽是孩子生命中第一個老師，尤其在成長過程中，孩子對自己身體的大大小小疑問，都是他們學習「問問題」以及「長知識」最好的機會，爸爸媽媽真的要好好把握，千萬不要錯過了！

但是，人體的器官組織非常精密，由這些器官組織所建構而成的各種生理現象，更是多如牛毛，如果家長平常沒有累積足夠的醫學知識，當孩子突然發問的時候，恐怕不容易即時且明確的回答。家長若是因而不耐煩或者胡亂虛應是很可惜的。更何況，讓孩子早一點認識自己身體的生理現象，可以建立孩子從小關心自己健康的習慣。

雖然，當前網路十分發達，家長也許很容易上網檢索人體相關資訊，但是網路資訊正確性往往難以確認，許多似是而非的醫療訊息常會誤導社會大眾。

這時候，一本簡明易懂的兒童人體工具書就非常迫切且必要了。這本由日本北海道醫科大學知名教授阿部和厚所監修的《出發吧！人體探險隊》，是截至目前為止，我最想推薦給家長和孩子的人體醫學圖畫書。

全書以貼近孩子的對話方式，將人體各個部位的組織構造與生理現象，剖析、濃縮成淺顯易懂的語言，讓孩子在自己的身體裡來一趟奇妙的探險，可以說是醫學院教授特別為兒童開設的一門健康先修課呢！

這本書非常適合家長帶著孩子逐一認識人體，從消化道開始，接著是泌尿系統、骨骼肌肉系統、心臟血管系統、呼吸系統，最後介紹所有的感覺器官，如同經歷了一趟奇妙而驚喜的人體探險之旅，讓孩子在簡單易懂的畫面中，完整的認識自己的身體。

另外，我也建議爸爸媽媽在陪讀的過程中，除了第一次做完整的展讀之外，不一定每次都從頭到尾念一遍，而是針對孩子們丟出的身體生理問題，找到特定部位的頁面，和孩子透過書中的知識進行對話，一次又一次，由淺入深，從器官的認識，到人體組織的功能，了解究竟身體是如何完成日常生活每一項看似簡單但其實不凡的生理現象。

我自己也非常喜歡《出發吧！人體探險隊》，把它擺在我的診間，剛好可以用來做為小兒科的健康衛教書，是一本適合親子共讀、好看又好懂的人體醫學小小書。

本文作者陳麗雲醫師現任陳麗雲小兒科診所院長、花蓮門諾醫院小兒心臟科特約醫師，也是花蓮新象繪本館創館館長。

國家圖書館出版品預行編目 (CIP) 資料

出發吧！人體探險隊：揭開身體消化道、泌尿系統、骨骼
肌肉、心臟血管……不可思議的祕密 / 阿部和厚監修；卓
文怡翻譯. -- 二版. -- 新北市：小熊出版：遠足文化事業股
份有限公司發行, 2022.07
　　52面；21×27.5公分. -- （閱讀與探索）
ISBN 978-626-7140-31-4（精裝）

1.CST: 人體解剖學　2.CST: 人體生理學　3.CST: 通俗作品
397　　　　　　　　　　　　　　　　　　　111009126

閱讀與探索

出發吧！人體探險隊
揭開身體消化道、泌尿系統、骨骼肌肉、心臟血管……不可思議的祕密

監修：阿部和厚｜翻譯：卓文怡｜審訂：陳麗雲

總編輯：鄭如瑤｜文字編輯：韓良慧｜美術編輯：莊芯媚｜行銷副理：塗幸儀｜行銷助理：龔乙桐
社長：郭重興｜發行人兼出版總監：曾大福｜業務平臺總經理：李雪麗｜業務平臺副總經理：李復民
實體業務協理：林詩富｜海外業務協理：張鑫峰｜特販業務協理：陳綺瑩
印務協理：江域平｜印務主任：李孟儒
出版與發行：小熊出版・遠足文化事業股份有限公司｜地址：231 新北市新店區民權路 108-3 號 6 樓
電話：02-22181417｜傳真：02-86672166｜劃撥帳號：19504465｜戶名：遠足文化事業股份有限公司
客服專線：0800-221029｜客服信箱：service@bookrep.com.tw
Facebook：小熊出版｜E-mail：littlebear@bookrep.com.tw
讀書共和國出版集團網路書店：http://www.bookrep.com.tw｜團體訂購請洽業務部：02-22181417 分機 1132、1520
法律顧問：華洋法律事務所／蘇文生律師
印製：凱林彩印股份有限公司｜初版一刷：2016 年 07 月｜二版一刷：2022 年 07 月
定價：360 元｜ISBN：978-626-7140-31-4

KARADA NO FUSHIGI TANKENEHON
Copyright© 2015 by PHP Institute, Inc.
Supervised by Kazuhiro ABE
All rights reserved.
Original Japanese edition published by PHP Institute, Inc.
Traditional Chinese translation rights arranged with
PHP Institute, Inc., Tokyo in care of Tuttle-Mori Agency, Inc., Tokyo
Through Future View Technology Ltd., Taipei

小熊出版官方網頁　　小熊出版讀者回函